JN094161

エナジが紹介

エネルギー

の仲間たち

作 ジョセフ・ミッドサン

絵 サミュエル・ヒーティー

訳 羽村太雅
（柏の葉サイエンスエデュケーションラボ）

Building Blocks of Science
Energy

くもん出版

WORLD
BOOK

もくじ

STEMナビゲーターズ　サイエンスチーム

アイザック

運動のアクセルとチームを組む、力のナビゲーター。重力のグレープや磁力のスピンの兄貴分。力がものを動かすしくみを整理し、力の単位にもなったイギリスの物理学者アイザック・ニュートンの名が由来。

アクセル

力のアイザックに動かしてもらっている運動のナビゲーター。放っておくと、同じ方向に同じ速さで動きつづけるか、止まったままだ。動く速さや方向を変えることを意味する「加速」の英語が名前の由来。

エナジ

身のまわりにひそむエネルギーのナビゲーター。ヒカリン、エレキ、ヘルツ、フレアに変身できる。「ジュール」という単位の由来である、物理学者ジュールの出身地イギリスでは、エネルギーを「エナジ」という。

エレキ

エナジが変身した電気の姿のナビゲーター。生活に必要な機器を動かしてくれる働きもので、じつは身のまわりにあふれている。スピンの力を借りて電気がつくられ、運ばれ、使われるようすを解説してくれる。

グレープ

宇宙でもっとも目立つ力である重力のナビゲーター。天文学の世界で、数多くの天体のあいだに働き地球や星ぼしをつくりだした重力の計算だけをおこなう専用のスーパーコンピューターにちなんで名づけられた。

スピン

電気のエレキとなかよしで、手を組んで人間を助けてくれる磁力のナビゲーター。磁石を細かくくだくと、小さな小さな粒が同じ方向にスピン（回転）していて、磁石の性質をつくっている。それが名前の由来。

ヒカリン

光で世界を明るく照らすナビゲーター。ヘルツとともに波の性質をもち、人間の視覚に直接働きかける。いっぽうで粒のような性質ももつ、妖精のようなふしぎな存在。光の性質や目の働きなどを紹介してくれる。

フレア

エナジが燃えさかる炎の妖精に変身した姿のナビゲーター。熱を生み、伝え、物質を変身させるフレアが元気かどうかを、人間は温度計を使って確認している。いなくなると、なにものも動けなくなる。

ヘルツ

物質を伝わる波の性質と動物による使いかたを聞かせてくれる音のナビゲーター。エナジが変身した姿。1秒間に振動する回数を表す周波数（音の高さ）の単位「ヘルツ」は、ドイツの物理学者ハインリヒ・ヘルツが由来。

マット

物質の性質と変化のしかたを紹介してくれるナビゲーター。世界中のあらゆるものをつくっている「物質」を表す英語「Matter」から名づけられた。さまざまな姿でわたしたちの身のまわりにかくれている。

人間だって動物だって、
生きて成長するのにエネルギーを
使ってる

エネルギーはどこにでもあるんだ

日光から感じる光と熱…

きみのまわりで
聞こえる音…

電灯にともるあかりも
エネルギーの姿のひとつなんだ

エネルギーはものを
運動させることができる

なにかを押せば、
前に動かせるよね

押したり引いたりして、
エネルギーを使って
この手押し車を動かすんだ

動いているさいちゅうに
うしろに引けば、止められるでしょ?!

力がいるけどね!

エネルギーはものの形を
変えることもできる

エネルギーを使えば
金属(きんぞく)だって曲げられるのさ

クルッ

まきを燃(も)やすと
炎(ほのお)の熱エネルギーが出て
木は灰(はい)に変わるし…

やかんを火にかければ
中の水はそのうちにわくよね

熱エネルギーは、沸騰(ふっとう)しているお湯を
液体(えきたい)から気体、つまり水蒸気(すいじょうき)に変える

ピーーッ

いろんなところに
かくれているエネルギーを
くわしく見てみよう!

地球上のほとんどの
エネルギーは
太陽からやってきたんだ。
どういうことか
ちょっと考えてみよう

太陽から光と熱のエネルギーが
やってくるおかげで
地球上に生き物がくらせるんだ

植物は太陽からの
エネルギーを使って
自分の栄養をつくる

栄養としてたくわえた
エネルギーを、生きることや
生長することに使うんだ

エネルギーを手に入れるために
いろんな動物が植物を食べる

人間のきみも
そうだよね

肉食動物は、植物を食べた
草食動物を食べることで、植物が
つくったエネルギーを取りこんでいる

もし植物がなかったら、肉食動物も、生きるための
エネルギーを集めるのがむずかしくなっちゃう！

植物の中にある
エネルギーは
太陽からやってきた
といったね

じゃあ、植物や動物が死ぬと、
そのエネルギーはどうなっちゃうんだろう？

どこへいくのかな？

ミミズや、ほかの小さな生き物たちが、植物や動物の
体だったものを小さく**分解**してくれているんだ

分解されたものは、
新しい植物の生長を
助ける**栄養素**を
土の中に届けるんだ

植物はその栄養素を
根から取りこむ。
こうしてエネルギーの
循環はつづいていくよ

熱エネルギー

エネルギーは
いろいろと姿を変える

熱エネルギーはみんなの家をあたためるし、
機械を動かしたり、ものをとかしたり、
電気をつくったりすることもできるよ。
火をおこしたり、化学薬品を混ぜたり
することでつくりだせるんだ

天気のいい日には
熱エネルギーを感じられるよ。
太陽からも熱が届いているからね！

太陽や、照明や、テレビ画面など、
光を発するものからは
光のエネルギーが出ているんだ

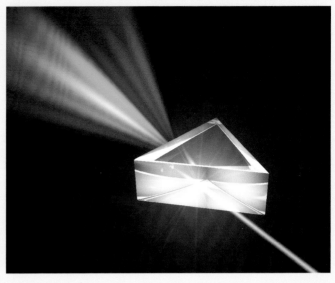

音も、エネルギーの姿のひとつだ。
たとえばきみがこの本を声に出して読んだら
音のエネルギーを出すことになるよ

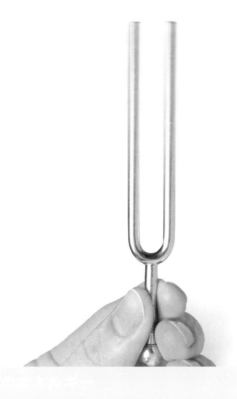

動きもエネルギーのべつの姿さ。
ページをめくるときには
運動エネルギーを使ってる

電気のエネルギーは
きみの家にある家電製品や
電子機器を動かしてくれる

自然界の電気を
見たことはあるかな？
そう！ 雷 は
電気エネルギーの
姿のひとつさ

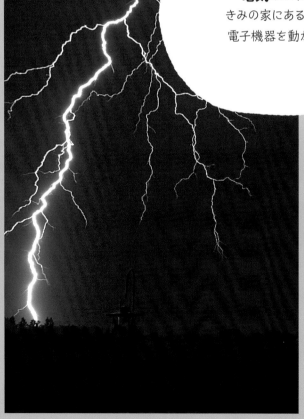

電気エネルギー

化学エネルギー

化学エネルギーのおかげで
輸送ができるようになった。
ほとんどの乗り物は、燃料を燃やして
取りだした化学エネルギーを使って走る

化学エネルギーは
みんなの体の中にも流れてる。
食べ物をとおして取りこんでいるんだよ

ここまででエネルギーの
使われかたを
見てきたよね

こんなふうに
ハードルを
とびこえるときは…

速く動くのに
運動エネルギーを
使っちゃうんだった

ヤッホー！

でも、エネルギーはあとで使うためにたくわえておくことも
できる。むずかしい言葉だけど、ためてあるエネルギーは
ポテンシャルエネルギーってよばれるよ

ポテンシャルエネルギー

このねじまきおもちゃで考えてみよう

ねじをまくと
その運動の
エネルギーを、
ひとまきごとに
おもちゃの中のバネが
ためてくれるんだ

ネジ
ネジ
ネジ

バネを手ばなすと、ためられていた
ポテンシャルエネルギーは
運動エネルギーに姿を変える

バネをゆっくりもとに戻せば
ワンちゃんはトコトコ歩くよ

ワン　ワン　ワン

でも、あんまりきつく
ねじをまきすぎると…

BOING

バイーン！

14

人はいつでも
ポテンシャルエネルギーを使ってる

携帯電話は電池で
動かしているし…

電池で動いているものは、
身のまわりに、ほかにもたくさんある

カタ

カタ

カタ

電池は化学エネルギーをたくわえていて
それを電気エネルギーとして取りだせるんだ

ポテンシャルエネルギーは
自然の中にもみつけられるよ

たとえば、石炭は化学エネルギーをたくわえてる

人間が石炭を燃やすと
たくわえられていた
化学エネルギーが
熱エネルギーに
変わるんだ

ザクッ

ザクッ

ポテンシャルエネルギーとして、
エネルギーをあとで使えるように
ためておけるんだね

きみに知っておいてほしいことが
もうひとつある。
エネルギーは
なくならないってことだ!

エネルギーはうみだすことも
こわすこともできない。
単に移しかえるか
姿を変えるしかないんだ

きみの体はどうやって
エネルギーの姿を変えるのかな?
自分が食事するときのことを
考えてみてほしい

人間の体は
食べ物の中の化学エネルギーを
運動エネルギーに変えて、
動くときにはいつでも使っているんだ!

自然の中でも、
エネルギーの姿が
変わっているところを
見られるよ

深海にすんでいるこのクラゲは
化学エネルギーを光のエネルギーに
変えることで、暗闇（くらやみ）の中で
光っているんだ！

昆虫（こんちゅう）の中にも、
化学エネルギーを
光のエネルギーに
変えられる種（しゅ）がいるよ

このホタル、見てごらん。
恋人（こいびと）をひきつけるために
体を光らせているんだよ！

生き物によって
エネルギーの使いかたは
ぜんぜんちがうよね

17

人間はエネルギーをこう使う

人びとは長い時間をかけて、
エネルギーをべつの姿へ変える方法を
編みだしてきたんだ

何万年も前の人だって
エネルギーを
使っていたよ

寒い日には火をおこすため
木を燃やした

知らず知らずのうちに、
木の化学エネルギーを
熱エネルギーに
変えていたんだ！

エネルギーを
もっと使いやすい姿に
変えられるようになったから
現代のくらしができるんだ

いまでは、エネルギーは
電気にしておくのが
いちばん便利だ

身のまわりを見わたしてみると
電気を使っているものは
すごく多いよね！

もし近くにパソコンやテレビがあったら、
それは電気を使って動いていると
思ってまちがいない

それから
照明もそうだよね

音楽プレイヤーはどうかな？
これは電池の中にためられた電気を
使っているよね

みんなが使っているたくさんのものが

電気で動いているんだ

人間は電気をつくるのに、
ほかの姿をしていたエネルギーを
使っているんだ。これを**発電**というよ

でも、発電すれば、そのぶん
もとのエネルギー源は減っていく…

より使いやすい姿のエネルギーを
つくるために使われるものを、
エネルギー源というよ

人間はエネルギー源を使って
燃料をつくったり
室内をあたためたり
電気をつくったりしている

人が使うエネルギーの多くは
化石燃料を燃やして
取りだしたものだ

化石燃料は、数百万年以上も
昔に死んだ生き物たちの体からつくられた

石炭、石油、天然ガスは化石燃料だ。
どれもたくさんのエネルギーをとじこめてる

石炭は黒や茶色の燃える石だよ

電気をつくるために
たくさんの石炭が
燃やされている

天然ガスは建物をあたためたり、
料理をしたりするときによく燃やされている

石油は乗り物用のガソリンや
暖房用の灯油の原料になっている

化石燃料をつくるには
数百万年もの時間が必要なんだ

ブルン
ブルーン

ブルン
ブルーン

化石燃料をいちど使いつくすと
もうかわりはない

だから**再生不能資源**なんてよばれているんだ

風力発電用風車

最近では、新しいエネルギー源が
使われはじめ、化石燃料から
だんだんと切りかわっているよ。
再生可能資源とよばれている

たとえば太陽からのエネルギーは
再生可能だ。なくならない！

太陽は毎日のように
姿をあらわすよね！

太陽のエネルギーは熱として使ったり、
電気をつくったりするのに使えるんだ

太陽は地球をあたため、
空気を動かすよ。
空気の動きが風って
よばれているのは知ってるよね

風も再生可能な
エネルギー源だ

人間はタービンを使って
風の運動エネルギーを
電気エネルギーに変えるんだ

水力発電用ダム

水の動きも電気を
つくるのに使えるよ

地球の地下深くからやってきた熱も、再生可能だ。
地球の中心にある核は発熱していて
いつもとっても熱いんだ

地下の熱であたためられた
水がわいたのが温泉だよ

人びとは地球の熱エネルギーを
電気エネルギーに変えたり、
積もった雪をとかしたり、
暖房や給湯に使ったりしているんだ

間欠泉

エネルギーを使った代償

これまで見てきたような
エネルギーは、
使っていると**副作用**もある

化石燃料を燃やすと
汚染が起こる。
汚染というのは
環境を害する汚れや
ゴミが発生することだ

化石燃料を燃やしたときには、
空気中にいろいろなガスが
出てくるんだ

こうしたガスは
太陽の熱をにがさない

そんなガスが地球の
大気中にたまっていくんだ

ケホッ、ケホッ

24

多くの科学者は、こうしたガスのせいで
地球があたたまっていくと考えている。
地球温暖化という問題だね

酸性雨も空気中の汚染のせいで起こるんだ。
酸性雨がふると、森も、川も、湖も、大地も、そこにすむ野生動物も、みんな傷ついてしまう

スモッグとよばれる煙も空気の汚染のひとつだ。
たくさんの大きな街で問題になっている。
呼吸器をはじめとする器官に病気を引きおこすんだ

25

エネルギー効率_{こうりつ}を
上げてごらん！

エネルギーを
かしこく使うってことさ

じゃあ、地球へのダメージを
減らすために、きみたちは
なにをすればいいかな？

つまり、使っているエネルギーを
すこしずつ減らすんだ

部屋を出るときは
あかりを消してみない？

カチッ

使ったものは、ゴミとして捨_すてるだけじゃなく、
中古品としてもういちど使ったり（リユース）、
つくりなおして再利用_{さいりよう}したり（リサイクル）するでしょ

ガラス

プラスチック

車に乗って出かけるかわりに、
みんなで自転車に乗ってみるのはどうだろう

バスや電車などの
公共の交通機関も使おう

自分が使うエネルギーを減らそうとすると
ほかの人もやる気になってくれるかもしれないよ！

最近は、新しい再生可能エネルギーを
開発する努力が進んでいる。
化石燃料と同じくらい役に立ち、
しかも環境を害さないようなね

科学者は、太陽からのエネルギーを
電気に変える太陽光発電パネルが
より効率的になるように
改良を続けている

太陽光からは再生可能な電気を
つくれるんだったよね

太陽のエネルギーでとぶ飛行機もつくられたよ

ピュンピューン

植物などの自然素材からは、
エコなバイオ燃料もつくられて、
化石燃料のかわりに使われている

トウモロコシから
つくられた
バイオ燃料は、
すでにたくさんの
乗り物でも
使われているんだ

科学者たちはいま、トウモロコシよりも簡単に、
しかもはやく育つ植物から
燃料をつくろうと研究に取りくんでいるんだ

さくいん

スタッフ紹介

［翻訳］
柏の葉サイエンスエデュケーションラボ（KSEL）
東京大学の大学院生らが中心となって2010年6月に設立した科学コミュニケーション団体。『科学コミュニケーション活動を通じた地域交流の活性化』を掲げて活動している。大学院生をはじめとする若手の研究者が自身の専門分野を実験や工作などを交えて紹介する『研究者に会いに行こう！』や、自然体験活動を通じて理科に親しむ小中学生向けスタディツアー『理科の修学旅行』、空きアパートをDIYで改修した『手作り科学館 Exedra』などを運営している。東京大学大学院新領域創成科学研究科長賞、日本都市計画家協会 優秀まちづくり賞、トム・ソーヤースクール企画コンテスト 優秀賞、他多数受賞

羽村太雅（はむら・たいが）
慶應義塾大学理工学部物理学科を卒業後、東京大学大学院新領域創成科学研究科で惑星科学を専攻。隕石の衝突を模した実験を通じて生命の起源を探求した。研究の傍らKSELを設立し活動を牽引。国立天文台広報普及員を経て、現在は江戸川大学や昭和薬科大学で非常勤講師も務める。メディア出演・掲載多数。東京大学大学院新領域創成科学研究科長賞、千葉県知事賞（ちば起業家 優秀賞）、他多数受賞

宮本千尋（みやもと・ちひろ）
博士（理学）。広島大学理学部地球惑星システム学科を卒業後、東京大学大学院理学系研究科で地球化学を専攻。大気中の微粒子（エアロゾル）を採取して成分を分析し、気候への影響を考察した。現在はKSEL副会長、手づくり科学館 Exedra 副館長。江戸川大学で非常勤講師も兼務

［翻訳協力］
菅原悠馬（すがはら・ゆうま）
博士（理学）。京都大学理学部理学科を卒業後、東京大学大学院理学系研究科で観測銀河天文学を専攻。大きな望遠鏡の観測データを解析して、遠くの銀河のはじまりと進化の仕組みを調べている。東京大学宇宙線研究所で研究していた大学院生時代にKSELに参加。現在は国立天文台特任研究員アルマプロジェクトおよび早稲田大学理工学術院総合研究所次席研究員（研究院講師）

長澤俊作（ながさわ・しゅんさく）
千葉大学理学部物理学科を卒業後、東京大学大学院理学系研究科で高エネルギー宇宙物理学を専攻。太陽観測ロケット実験に携わり、カブリ数物連携宇宙研究機構でX線撮像分光装置の開発を進めている修士課程の大学院生

研究現場をのぞいてみよう

流れ星のエネルギー変換

夜の闇にいっしゅんかがやいて、はかなく消える流れ星に、昔から人びとは願いをかけてきました。とくに明るいものは火球とよばれます。これらは猛スピードで地球の大気に飛びこんできた、小さな天体です。高速で飛んできた天体は、大気にブレーキをかけられて減速します。このとき、運動エネルギーは光と音、そして熱のエネルギーに変換されます。この光が見えたのが、流れ星です。発生した熱で高温になった流れ星は、少しずつ蒸発します。地上近くまで大きな質量をもったまま、じゅうぶん減速されずに下りてきた流れ星は、衝撃波とよばれる轟音を発します。運動エネルギーが音のエネルギーに変わるのです。蒸発せずに地上に落ちた石は、隕石とよばれます。高速のまま大きな天体が地表にぶつかると、ぶつかってきた天体は粉ごなになって飛びちり、運動エネルギーを受けとった地面も飛びちって、クレーターとよばれるくぼみができます。

いまから38億年より昔には、短いあいだにたくさんの天体が地球にぶつかってきた時期がありました。ほぼ時を同じくして、最初の生命が誕生したと考えられています。そこで、大型の銃を撃って地表への天体衝突を模した実験をおこない、多数の巨大な衝突で、生命の材料がどれだけつくられたのかを調べる研究を、わたしは大学院でおこなっていました。

（羽村太雅・翻訳者）

[コラムイラスト] ヤギワタル
[デザイン] 大悟法淳一、武田理沙、
秋本奈美（ごぼうデザイン事務所）

[モニター]
茨木日南子さん、小貫美奈さん、
杉山珠桜里さん、砂堀実玖さん、松田海さん
原稿の難易度や読みやすさなどについて、対象
年齢の子どもたちを代表して意見や感想を寄せ
ていただいた中学1～3年生のみなさんに感謝
申しあげます。

[ご注意]
「くもんのSTEMナビシリーズ サイエンス」に
登場するナビゲーターたちは、高いビルの上
から大きなものを投げたり、火で遊んだり、
自転車のハンドルに乗ったり、ほかにも危険
な行動をたくさんしています。実際にはとて
も危ないので、みなさんは絶対にまねしない
でください。

[著者]
ジョセフ・ミッドサン（Joseph Midthun）
出版社La Luz Comicsの編集長。パーピック・アート教育センターとコロ
ンビア・カレッジ・シカゴで芸術などを学ぶ。ミネソタ州中心部の小さな
鉱山の町で生まれ、現在はミネソタ州セントポールに在住。。

[画家]
サミュエル・ヒーティー（Samuel Hiti）
独学のコミック作家、イラストレーター。社長をつとめる出版社La Luz
Comicsからも数かずの作品を出版している。ミネソタ州ミネアポリス在住。
妻と2人の子ども、小さな犬と暮らしている。とても背が高いが、座高は
平均的である。

くもんのSTEMナビ サイエンス
エナジが紹介　エネルギーの仲間たち

2020年12月10日　初版第1刷発行

作　ジョセフ・ミッドサン
絵　サミュエル・ヒーティー
訳　羽村太雅（柏の葉サイエンスエデュケーションラボ）
発行者　志村直人
発行所　株式会社くもん出版
　〒108-8617　東京都港区高輪4-10-18 京急第1ビル13F
　電話　03-6836-0301（代表）
　　　　03-6836-0317（編集部直通）
　　　　03-6836-0305（営業部直通）
　ホームページアドレス　https://www.kumonshuppan.com/
印刷所　大日本印刷株式会社

NDC420・くもん出版・32P・27cm・2020年・ISBN978-4-7743-3141-6
©2020 Kashiwanoha Science Education Lab.

Printed in Japan
落丁・乱丁がありましたら、おとりかえいたします。
本書を無断で複写・複製・転載・翻訳することは、法律で認められた場合を除き禁じられています。
購入者以外の第三者による本書のいかなる電子複製も一切認められていませんのでご注意ください。

CD56220

わかりやすくておもしろい！

STEMナビゲーターズといっしょに、サイエンス、プログラミングの世界へ

くもんの STEMナビ サイエンス 全10巻

- 作 ジョセフ・ミッドサン
- 絵 サミュエル・ヒーティー
- 訳 羽村太雅、宮本千尋
  （柏の葉サイエンスエデュケーションラボ）

- ●エナジが紹介 **エネルギーの仲間たち**
- ●ヒカリンと見る **光の世界**
- ●マットと調べる **物質の性質**
- ●グレープと探す **重力の働き**
- ●スピンがさそう **磁力の魅力**

以下続刊 ＊2021年夏刊行予定

- ●ヘルツが語る **音の波**
- ●マットがしめす **物質の変化**
- ●フレアが見せる **熱のめぐみ**
- ●エレキが伝える **電気のふしぎ**
- ●アイザック＆アクセルが話す **機械と働き**

くもんの STEMナビ プログラミング 全8巻

- 作 エコー・エリース・ゴンザレス
- 絵 グラハム・ロス
- 訳 山崎正浩
- 監修 石戸奈々子

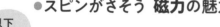

- ●アルと考える **アルゴリズムってなんだ？**
- ●ゼロとワンが紹介 **プログラミング言語のいろいろ**
- ●バグと挑戦 **デバッグの方法**
- ●アンドとオアが伝える **論理演算の使いかた**
- ●フローが見せる **制御フローのはたらき**
- ●スタックが語る **データ構造の大切さ**
- ●チップが案内 **ハードウェアの役割**
- ●ウェブと調べる **インターネットのなりたち**

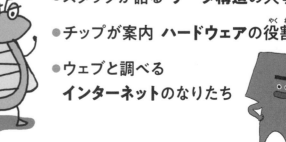